Narsinga Rao L.
Jamuna Rani G.

Revisão sobre combustíveis alternativos através da utilização de nano partículas

Narsinga Rao L.
Jamuna Rani G.

Revisão sobre combustíveis alternativos através da utilização de nano partículas

ScienciaScripts

Imprint

Any brand names and product names mentioned in this book are subject to trademark, brand or patent protection and are trademarks or registered trademarks of their respective holders. The use of brand names, product names, common names, trade names, product descriptions etc. even without a particular marking in this work is in no way to be construed to mean that such names may be regarded as unrestricted in respect of trademark and brand protection legislation and could thus be used by anyone.

Cover image: www.ingimage.com

This book is a translation from the original published under ISBN 978-620-2-06442-2.

Publisher:
Sciencia Scripts
is a trademark of
Dodo Books Indian Ocean Ltd. and OmniScriptum S.R.L publishing group

120 High Road, East Finchley, London, N2 9ED, United Kingdom
Str. Armeneasca 28/1, office 1, Chisinau MD-2012, Republic of Moldova, Europe
Printed at: see last page
ISBN: 978-620-7-91431-9

RESUMO

Este projeto teve como principal objetivo a comparação do cálculo experimental dos resultados do gasóleo com o biodiesel. Devido ao rápido esgotamento das reservas de petróleo e aos regulamentos rigorosos impostos pelo governo aos fabricantes de motores e aos consumidores para proteger o ambiente da poluição causada pelos motores a gasóleo, as normas de emissão têm de ser cumpridas. O biodiesel é derivado de vários óleos vegetais como a pongâmia, a jatrofa, a soja, a palma, o neem e o mahua, etc. É considerado um combustível alternativo para motores diesel. A utilização direta de óleo vegetal em motores diesel é limitada devido à sua elevada viscosidade, fraca atomização, combustão incompleta e depósitos de carbono nos bicos de injeção. Neste projeto, o óleo de mahua é considerado como biodiesel produzido por esterificação e transesterificação. O objetivo principal é comparar o desempenho e as emissões de um motor diesel com mistura de diesel e biodiesel utilizando nano-aditivos (ZnO, Al_2O_3) com mistura de biodiesel de mahua. Medição experimental das características de desempenho, como a eficiência térmica do travão, o consumo específico de combustível do travão e as características de emissão, como CO, HC, NOx, de um motor diesel de um cilindro com biodiesel de Mahua como combustível, utilizando diferentes proporções de nanoaditivos.

Palavras-chave: *transesterificação, biodiesel, biodiesel de mahua, nano-aditivos, desempenho e emissões.*

CAPÍTULO-1

INTRODUÇÃO

O sector dos transportes desempenha um papel importante na economia do país.

Os motores a diesel são utilizados principalmente para alimentar automóveis, navios, locomotivas e bombas de irrigação, bem como para gerar eletricidade. A crise energética depende essencialmente do crescimento da população e do estilo de vida das pessoas. Devido ao aumento da procura de gasóleo e de outros produtos petrolíferos, prevê-se que a dependência da Índia das importações de petróleo aumente 92% até 2030. Para atenuar a crise energética, a procura de combustíveis líquidos alternativos, especialmente o biodiesel, está a aumentar. A utilização do biodiesel como combustível líquido alternativo tem muitas vantagens, uma vez que está facilmente disponível, é amigo do ambiente e biodegradável.

O biodiesel pode ser extraído de vários óleos vegetais comestíveis e não comestíveis. Por conseguinte, muitos investigadores sugerem que as plantas não comestíveis são os combustíveis alternativos mais sustentáveis para a produção de biodiesel. Em particular, descobriram que muitas plantas não comestíveis podem ser utilizadas para a produção de biodiesel, incluindo karanja ou pongâmia, jatropha, sementes de algodão, sementes de linho, neem, mahua, kusum, etc. No presente trabalho, o biodiesel de óleo de mahua é utilizado como combustível alternativo para motores diesel, uma vez que a composição química deste óleo é quase semelhante à dos outros óleos não comestíveis. O óleo de mahua é extraído das sementes de Madhuca indicia, uma árvore de folha caduca que pode crescer em zonas semi-áridas, tropicais e subtropicais. Este óleo está amplamente disponível na Índia, bem como nos países vizinhos.

A produção anual deste óleo na Índia é de cerca de 181 mil toneladas. Após a secagem e o descasque, obtém-se 70 % do peso do miolo da semente. 50% do óleo encontra-se na amêndoa da semente. O óleo de mahua não é utilizado diretamente como combustível em motores a diesel, pois causa vários problemas, tais como a má atomização do combustível, a formação de depósitos de carbono, a combustão incompleta, a incrustação do motor e a contaminação do óleo lubrificante. Todos estes problemas devem-se principalmente à elevada viscosidade do óleo. Existem vários métodos para reduzir a viscosidade do óleo de Mahua, incluindo a esterificação, a mistura de óleos, o craqueamento ou a pirólise, a microemulsificação e a transesterificação.

Entre todos estes métodos, a transesterificação é amplamente utilizada na indústria para a produção de biodiesel. Os óleos de mahua dão melhores resultados do que outros óleos não comestíveis transesterificados.

A utilização de biodiesel tem algumas desvantagens, tais como uma ligeira diminuição do consumo de combustível, uma densidade ligeiramente superior, pontos de turvação e de fluidez inferiores e emissões de NOx mais elevadas. Utilizando algumas técnicas para reduzir as desvantagens acima referidas, tais como combustível modificado, aditivos de combustível e combustível híbrido, consegue-se uma redução das emissões e uma melhoria do desempenho do motor. Ao adicionar nano-aditivos ao biodiesel, obtêm-se melhores propriedades do combustível, melhora-se a eficiência da combustão e reduzem-se as emissões nocivas do motor. Além disso, a adição dos aditivos ao gasóleo reduz as emissões de partículas, diminui a temperatura de oxidação e aumenta a percentagem de emissões de NOx.

O objetivo do presente trabalho é analisar o efeito de nano-aditivos em misturas de biodiesel de Mahua no desempenho e nas características de emissão do motor diesel.

1.1 Propriedades dos nano-aditivos no biodiesel

- A adição de nanopartículas ao biodiesel aumenta a eficiência térmica dos travões e as emissões poluentes do biodiesel combustível misturado com nanopartículas são ligeiramente reduzidas em comparação com o biodiesel combustível puro.
- Estes estão equipados com um efeito de retardamento da ignição mais curto.
- Melhoria da taxa de transferência de calor em conjunto com o biodiesel misturado com nanopartículas.
- Combustíveis Melhoria da relação superfície/volume e da condutividade térmica.
- Melhoram as propriedades termofísicas, a condutividade térmica e a difusividade de massa quando dispersas em qualquer meio de base.
- Os nanoaditivos no gasóleo, biodiesel e misturas melhoram o ponto de inflamação, o ponto de inflamação, a viscosidade cinemática e outras propriedades, dependendo da dosagem dos aditivos nanofluidos.
- O aditivo ZnO é eficaz no controlo dos HC, CO, fumos e NOx em condições de carga máxima.

- Estes aditivos contribuem para uma combustão completa.
- Uma combustão mais limpa também produz menos emissões de CO e NOx. Além disso, a pressão na câmara de combustão é reduzida.
- As nanopartículas ajudam a remover a fuligem que obstrui os filtros, o que pode melhorar drasticamente o desempenho dos filtros e a limpeza dos gases de escape.

CAPÍTULO - 2

HISTÓRIA DO BIODIESEL

A utilização de biodiesel em motores a gasóleo não é um conceito novo, mas sim um conceito com séculos de existência. O motor diesel foi inventado por Rudolf Diesel, que utilizou óleo de amendoim num motor em 1901. Após a introdução do gasóleo de petróleo, a utilização de óleo vegetal foi completamente substituída. Devido à falta de disponibilidade de gasóleo de petróleo, as pessoas começaram a procurar combustíveis alternativos como os óleos vegetais e observaram que o custo do gasóleo estava a aumentar de dia para dia e a tornar-se mais caro, deixando de estar disponível nos próximos anos. Mesmo agora, a sua disponibilidade é afetada por vários factores, como guerras, situações políticas e actividades terroristas, etc. A situação é pior nos países em desenvolvimento. A situação é pior nos países em desenvolvimento como a Índia, pois não dispomos de recursos suficientes de produtos petrolíferos. Atualmente, importamos 70% do nosso petróleo bruto e, nos próximos anos, a procura de produtos diesel aumentará acentuadamente, pelo que é tempo de desenvolver o mundo através da utilização de combustíveis alternativos para evitar os problemas acima mencionados. O biodiesel é um dos melhores combustíveis alternativos para substituir o gasóleo de petróleo. Em termos simples, o biodiesel não é mais do que óleo vegetal processado ou gorduras animais. Este óleo vegetal pode ser um óleo comestível ou um óleo não comestível. E também podemos utilizar óleo alimentar ou óleo vegetal fresco.

2.1 Motor e veículos

Todos os motores e veículos a gasóleo podem ser alimentados com biodiesel e misturas de biodiesel nas proporções necessárias. Alguns veículos antigos construídos antes de 1993 podem exigir a substituição dos tubos de combustível, uma vez que estes contêm borracha natural. O principal problema é que o biodiesel pode fazer com que estes tubos inchem ou rachem.

2.2 Mistura e conversão com gasóleo

O biodiesel pode ser utilizado a 100%, ou seja, como B100, ou em misturas com gasóleo de óleo mineral. Quando o biodiesel é utilizado num veículo pela primeira vez, podem formar-se depósitos no depósito de combustível, o que pode levar ao entupimento do filtro de combustível. Posteriormente, o utilizador pode alternar entre o biodiesel e o diesel mineral sem quaisquer alterações, se necessário ou desejado.

2.3 Potência, desempenho e economia

Em geral, existem muitos combustíveis alternativos na natureza, mas todos estes combustíveis não são aceites como biodiesel porque não proporcionam o mesmo desempenho que os seus equivalentes a gasóleo de petróleo. Basicamente, o biodiesel puro e o biodiesel misturado com gasóleo de petróleo oferecem um desempenho muito semelhante, como o binário, a potência e a quilometragem, em comparação com os valores do gasóleo de petróleo. O teor energético do biodiesel puro é 5-10% inferior ao do gasóleo de petróleo. No entanto, deve notar-se que o teor energético do gasóleo de petróleo pode variar 15%, dependendo do fornecedor.

2.4 Madhuca Long folia (árvore Mahua)

Esta árvore pertence às árvores tropicais indianas, que se encontram principalmente nas planícies e florestas do centro e do norte da Índia. É também conhecida vulgarmente como Mahua ou Iluppai. Cresce muito rapidamente, atinge uma altura de cerca de 20 metros e tem uma folhagem sempre verde ou semi-verde. Esta árvore pertence à família das Sapotáceas. Também está adaptada a ambientes secos e é uma árvore importante nas florestas tropicais mistas de folha caduca na Índia, nos estados de Jharkhand, Bengala Ocidental, Chhattisgarh, Uttar Pradesh, Bihar, Madhya Pradesh, Maharashtra, Orissa, Kerala e Gujarat.

Fig. 2.1: Árvore de Mahua

É cultivada principalmente em regiões quentes e húmidas pelas suas sementes, flores e madeira. Em geral, a árvore produz entre 20 e 200 kg de sementes por ano, consoante o grau de maturidade. À temperatura ambiente, a gordura pode ser utilizada para o cuidado da pele, para a produção de detergentes ou sabões e manteigas vegetais. Após a extração do óleo, obtêm-se os bagaços de sementes, que podem ser um excelente fertilizante. Na Índia tropical, as flores são utilizadas para fazer bebidas alcoólicas. Esta bebida tem um efeito muito bom nos animais. Em várias aplicações medicinais, são utilizadas várias partes da árvore, incluindo a casca.

Fig. 2.2: Folhas de mahua

A árvore é considerada uma bênção pelas tribos que habitam a floresta e esforçam-se por preservá-la. A conservação da árvore Mahua tem sido marginalizada, uma vez que não é valorizada pelos não tribais. As folhas são utilizadas para fabricar seda tassar, uma forma de seda selvagem que tem importância comercial na Índia. As flores são geralmente utilizadas em Tamilnadu. Quando não se dispõe de açúcar de cana, pode utilizar-se a flor, que é muito doce. A tradição Tamil avisa que o uso excessivo da flor pode levar ao desequilíbrio do pensamento e até à loucura, o que é bom para o pelo do cão. As sementes de Madhuca são utilizadas para matar peixes em tanques de aquacultura em alguns locais da Índia.

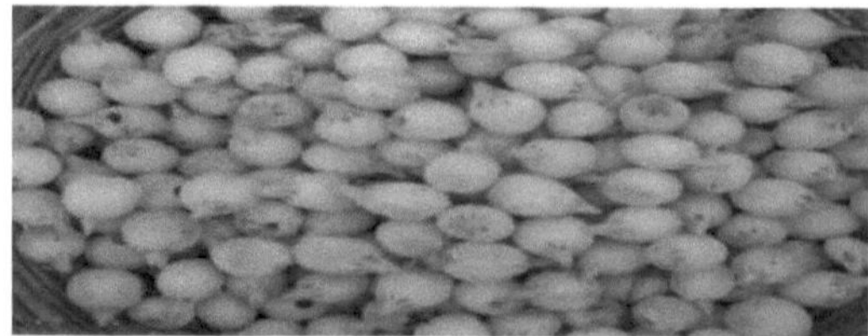

Fig. 2.3: Flores de mahua

A flor de Mahua é comestível, o que constitui um alimento para os povos tribais. Estas flores podem ser utilizadas para fazer xarope para fins medicinais. E também podem ser fermentadas para fazer a bebida alcoólica mahua, que é um licor do país. Em muitos estados, a bebida mahua é considerada parte do património cultural. Durante as festividades, a bebida mahua é utilizada tanto por homens como por mulheres. Os principais ingredientes da bebida mahua são o melaço granulado e as flores secas de mahua. O licor é feito principalmente a partir das flores, que são em grande parte incolores, têm um brilho esbranquiçado e não são muito fortes. O odor das flores de mahua é muito caraterístico.

Fig. 2.4: Sementes de mahua

Não é muito caro, mas a maior parte da produção é efectuada em destilarias caseiras. Estas flores também podem ser utilizadas para fazer compota, que é produzida por cooperativas tribais no distrito de Gadchiroli, em Maharashtra.

Quadro 2.1: Classificação científica da Madhuca Longifolia

S.No	Name	Classification
1	Kingdom	Planate
2	Order	Eric ales
3	Family	Sapotaceae
4	Genus	Madhuca
5	Species	M. long folia
6	Binomial name	Madhuca long folia

CAPÍTULO 3 REVISÃO DA LITERATURA

Vijayakumar Chandrasekaran et al (2016) [1] investigaram misturas de biodiesel de óleo de mahua (20MEOM, 40MEOM, 60MOEM, 80MOEM e 100MOEM) em motores diesel monocilíndricos com diferentes binários a uma velocidade nominal constante. O estudo experimental mostrou que 20MEOM sem aditivos teve o melhor rácio de combustível em comparação com as outras misturas, enquanto 50ppm de nanopartículas de óxido de cobre foram adicionadas ao gasóleo. Os resultados mostram que a eficiência térmica dos travões foi melhorada em comparação com uma mistura de 20MEOM sem aditivo ao binário máximo. As emissões de HC, CO e fumo foram reduzidas pelo óleo de Mahua com nano-aditivos e são bem adequadas como combustível alternativo para motores diesel.

Ramesh D.K et al, (2016) [2] Num motor de ignição por compressão com cama de aves, mistura de biodiesel de óleo B20 e com 30mg/L de nanopartículas de alumina como aditivo. Características de desempenho, emissão e combustão de misturas de biodiesel B20 e comparadas ao diesel puro. Aumento do desempenho do motor e redução das emissões de CO, HC e NOx quando se utiliza uma mistura de biodiesel B20 com nanopartículas em comparação com uma mistura de B20 sem nanopartículas e gasóleo.

Mohamed Kamal Ahmed Ali et al (2016) [3] investigaram o comportamento tribológico do conjunto do anel do pistão usando nanopartículas como aditivos nano-lubrificantes, onde as nanopartículas Al2O3 e TiO2 tinham 8-12 nm e 10 nm de tamanho. O comportamento tribológico dos nano-lubrificantes foi investigado utilizando um tribómetro em diferentes condições de funcionamento na interface entre o anel e a pista. O resultado é uma redução do coeficiente de atrito, da perda de potência e do desgaste. Melhoria da economia de combustível em motores automóveis através da utilização de aditivos nano-lubrificantes.

Harish venu et al. (2016) [4] Num motor diesel de um cilindro, a adição de nanopartículas de óxido de alumínio (25 ppm) a uma mistura de biodiesel (20%), diesel (70%) e etanol (10%) foi efectuada em três tempos de injeção diferentes. No TDC, foram observadas maiores emissões de HC, CO e Co2, maiores emissões de NOx, mais oxigénio nos gases de escape, uma maior duração da combustão e um menor atraso na ignição. A adição de Al2O3 no RET IT resulta numa pressão mais baixa do cilindro e numa menor libertação de calor no TDC, seguida de uma redução das emissões de HC, CO, NOx e da opacidade dos fumos.

2 **Prabhu L et al (2015) [5]** realizaram experiências para investigar o desempenho e as características das emissões de motores de ignição por compressão alimentados com uma mistura de gasóleo e éster metílico de óleo de nim, ou seja, B20, juntamente com 250 ppm e 500 ppm de nanopartículas de TiO. 2Esta experiência mostra que a eficiência térmica (BTE) e o consumo específico de combustível diminuem quando o TiO é adicionado a uma mistura de biodiesel em comparação com o gasóleo puro e uma mistura

de biodiesel. 2As emissões de CO, HC e fumo diminuíram, mas as emissões de NOx aumentaram ligeiramente com a mistura de biodiesel adicionada de TiO em comparação com o gasóleo puro e a mistura de biodiesel.

T. Shaafi et al (2015) [6] investigaram a combustão, o desempenho do motor e as características de emissão de um motor CI monocilíndrico refrigerado a ar de velocidade constante. Ao binário total, a pressão do cilindro é mais elevada em todos os ângulos de manivela com a mistura de alumina D80SBD15E4S1+ e o BSFC é mais elevado com a mistura de alumina B20 e D80SBD15E4S1+ em comparação com o gasóleo a 25 e 50 % de binário, ao binário total o BSEC é mínimo em comparação com o gasóleo.

Biswajith De et al, (2015) [7] Investigação das características de emissão e combustão para otimizar a taxa de compressão de um motor diesel VCR monocilíndrico de injeção direta a quatro tempos que funciona com misturas de óleo de Jatropha Curcas a diferentes CR de 16, 17 e 18 e diferentes binários de 3,5 kW. A taxa de compressão óptima proporciona o melhor desempenho em termos de eficiência térmica e de temperaturas dos gases de escape, bem como os parâmetros de emissão óptimos, tais como NOx, HC e CO a RC 18 com misturas que contêm até B30 de óleo de pinhão-manso e que fazem funcionar o motor diesel de forma eficiente.

S.V. Channapattana et al, (2015) [8] O desempenho térmico e as emissões de motores DI-CI de taxa de compressão variável que utilizam óleo não comestível de Calophyllum inophyiium Linn são utilizados como misturas B20, B40, B60, B80 e B100 a uma taxa de compressão de 18:1 no motor. A eficiência de travagem térmica do motor alimentado com B100 é 8,9% inferior à do gasóleo e a BSFC do biodiesel é superior à do gasóleo, reduzindo também as emissões de CO e HC a uma taxa de compressão de 18:1 com uma mistura de B100 em comparação com o gasóleo.

T. Ashok Kumar et al. (2015) [9] Em motores de taxa de compressão variável misturados com 10 e B20 com CR variando de 15:1 a 18:1, com binário variável (zero a 22 Nm), utilizando óleo de pinhão-manso, verificou-se que o desempenho de travagem do biodiesel é ligeiramente superior ao do gasóleo em todas as taxas de compressão no funcionamento com binário parcial e que o BSFC do combustível misturado é muito próximo do do gasóleo e reduz as emissões do combustível misturado em todas as taxas de compressão. As características de combustão e as emissões são eficazes em motores de taxa de compressão variável com biodiesel em comparação com o gasóleo.

C. Syed Aalam et al, (2015) [10] Efeito da pressão de injeção de combustível na combustão, no desempenho e nas emissões de um motor diesel common rail que utiliza uma mistura de éster metílico de Mahua (MME20). O consumo específico de combustível (SFC) e as emissões de NOx aumentam e a eficiência térmica do travão (BTE) diminui devido às características de combustão e às propriedades do combustível do MME20. Para melhor utilizar a mistura de éster metílico de Mahua, a pressão de injeção foi aumentada de 22 MPa para 88 MPa. Em comparação com as outras pressões de injeção, obtém-se um BTE mais elevado e melhores características de combustão. Os valores de

HC, CO e fumo diminuem gradualmente com o aumento da pressão de injeção devido a uma melhor mistura.

M. Santhanamuthu et al (2014) [11] avaliaram o desempenho e as características de emissão de um motor CI de um cilindro alimentado com óleo de imersão e uma mistura de gasóleo com nanopartículas de Fe2O3 como aditivo. O BTE e o BSFC das misturas de óleo de polanga e gasóleo (POD) - nanopartículas de Fe2O3 foram equivalentes aos do gasóleo puro. Nesta experiência, as emissões de CO foram inferiores a 5% do gasóleo até uma carga de 65% e superiores para a mistura POD - nanopartículas de Fe2O3 a cargas superiores a 65%. As emissões de HC foram 10-20% mais baixas para a mistura de POD e nanopartículas de Fe2O3 do que para o gasóleo. 22As emissões de NOx foram inferiores com as nanopartículas de POD-Fe O3 a uma carga superior a 80% e as emissões de fumo das nanopartículas de POD-Fe O3 foram 10-15% inferiores às do gasóleo convencional até uma carga de 80%.

2**Sullivan et al (2014) [12]** investigaram o desempenho e as características de emissão de um motor VCR a uma taxa de compressão óptima de 19:1, utilizando uma mistura de gasóleo, óleo de rícino, biodiesel e etanol (esterol) - mistura de CeO -CNT. 2Utilizaram CeO -CNT em concentrações de 25, 50 e 100 ppm, respetivamente, que foram adicionadas às misturas de esterol. A adição de nanopartículas às misturas de esteróis aumentou a eficiência térmica em 7,5% e reduziu as emissões de HC e de fumos em 7,2% e 47,6%, respetivamente, em comparação com as misturas de esteróis sem nanopartículas.

Karthikeyan et al. (2014) [13] verificaram que a utilização de um baixo rácio superfície/volume de nanopartículas melhorou as propriedades de combustão, uma vez que permite que uma maior quantidade de combustível reaja com o ar. Isto também melhorou a eficiência térmica do travão. Observou-se que a utilização de óxido de zinco (ZnO) minimiza as emissões de CO e HC. 0As nanopartículas de alumínio podem reagir com a água a uma temperatura entre 400 e 650 C para formar hidrogénio.

Raheman et al (2014) [14] testaram as misturas de óleo de karanja, biodiesel e petro-diesel de 20 a 80 por cento em volume num motor diesel de injeção direta a quatro tempos monocilíndrico com uma potência nominal de 7,5 kW a 3000 rpm e uma taxa de compressão de 16:1, resultando em eficiências térmicas máximas de travagem de 26,79 e 26,19% para B20 e B40, respetivamente, que são superiores às do diesel (24,62). A eficiência térmica mais baixa para o B60 e o B100 deve-se à redução do poder calorífico e ao aumento do consumo específico de combustível em comparação com o B20.

Swarupkumar Nayak et al (2014) [15] realizaram uma experiência num motor monocilíndrico arrefecido a água com misturas de biodiesel de Mahua e observaram que o desempenho da travagem e a eficiência térmica da travagem aumentaram. O resultado mostrou que tanto as emissões de CO como as de HC diminuem com o aumento da percentagem de aditivo de carbonato de dietilo com o teor de biodiesel de Mahua no biodiesel, e as emissões de fumo e NOX também diminuem com o aumento da percentagem de aditivos no combustível biodiesel.

Hariram.V et al, (2014) [16] num motor de injeção direta monocilíndrico de ignição por compressão kirloskar com 240 bar de pressão de injeção, foram testados os parâmetros de desempenho das misturas de biodiesel de Mahua, como BSFC, BTE, EGT e emissões de escape como UBHC, CO, NOx e densidade de fumo, com a mistura MOME, verificou-se que a mistura B20 é um combustível alternativo favorável para o motor de ignição por compressão devido ao aumento do BTE, à redução do BSEC com um binário mais elevado e à redução das emissões de CO, HC e fumo.

Sangram Jadhav.D et al, (2014) [17] O éster metílico do óleo de mahua foi preparado por transesterificação utilizando um catalisador ácido (H_2SO_4) e básico (KOH) e testado num motor a gasolina a 4 tempos. Os ensaios foram efectuados em misturas de 2, 4, 6, 8, 10, 12% com gasolina. Os resultados mostram que a eficiência térmica do éster metílico do óleo de mahua (MOME) é comparável à da gasolina. Verificou-se que é de 34,92% para a gasolina, enquanto que para as misturas de MOME é um máximo de 33,14% para a mistura M2 e um mínimo de 24,72% para a mistura M12. As emissões de CO e HC e a temperatura dos gases de escape foram reduzidas em 52,73%, de um mínimo de 17 ppm para um máximo de 48 ppm e de 0-12%, respetivamente, pelo que as misturas MOME de M2 a M10 foram consideradas adequadas para motores a gasolina.

Deepesh Sonar et al (2014) [18] Observou que o éster metílico do óleo de Mahua (MOME) como combustível num motor diesel monocilíndrico arrefecido a água com 3,7 kW de potência e emissões por mistura com diesel e diferentes IOP. O desempenho do MOME e do óleo de Mahua num motor misturado com IOP a 226 bar foi maximizado para as misturas M10, M20 e M30 e as emissões de CO, HC e NOx foram basicamente reduzidas. O IOP em M20 e M30 a 226 bar minimiza as perdas de eficiência e gera maiores benefícios ambientais.

V.Arul Mozhi Selvan et al, (2014) [19] As características de desempenho, combustão e emissão de um VCR sob diferentes concentrações de CERIA-CNT em misturas de combustível die sterol são investigadas quanto aos efeitos de nanotubos de carbono e nanopartículas de ceria em misturas de diesel-biodiesel-etanol. A adição de 50ppm cada de CERIA e CNT numa mistura de die-sterol em comparação com o die-sterol (E20) aumenta a eficiência térmica da travagem e as emissões de CO e reduz as emissões de HC.

M.A. Lenin et al (2013) [20] efectuaram um estudo comparativo sobre as características de desempenho e de emissões dos motores diesel alimentados com nanopartículas de óxido de manganês (MnO) e de óxido de cobre (CuO) no combustível diesel. Destes dois nanoaditivos, a eficiência de travagem térmica do combustível diesel+MnO foi mais elevada do que a do diesel+CuO e do diesel puro em todas as cargas. Os valores da eficiência térmica de travagem para o gasóleo puro e o gasóleo+CuO foram praticamente os mesmos. As emissões de CO e NOx do combustível diesel+MnO foram inferiores às do combustível diesel puro e do combustível diesel+CuO em todas as condições de carga. As emissões de HC do gasóleo puro, do gasóleo+CuO e do gasóleo+MnO foram praticamente as mesmas em todas as condições de carga.

Puhan et al (2013) [21] realizaram um ensaio de éster metílico de óleo de mahua com gasóleo num motor monocilíndrico de injeção direta com ignição por compressão. Verificou-se que a eficiência térmica diminuiu em 13%. Ensaiou o éster etílico do óleo de mahua com gasóleo no mesmo motor que no estudo anterior e mostrou que a eficiência térmica era comparável à do gasóleo. Salientaram que este facto se deve à composição química do éster etílico do óleo de mahua, que acelera o processo de combustão. [22]É de notar que a viscosidade do éster etílico do óleo de mahua (6,2 mm /s) é ligeiramente superior à do éster metílico do óleo de mahua (5,2 mm /s).

[0]**Biplab.K et al, (2013) [22]** o desempenho melhorado e as características de emissão da utilização de emulsão de éster metílico de óleo de palma (POME) são testados num motor diesel VCR de taxa de compressão variável a CR 18 e IT 20 BTDC, reduz as emissões de CO, CO_2, HC e NOx para misturas de biodiesel POME.

G. Lakshmikanthet et al (2013) [23] Nas suas experiências, verificou que o desempenho de um motor de ignição por compressão de injeção direta a quatro tempos foi melhorado com a utilização de uma mistura de óleo de mahua e biodiesel com gasóleo. A eficiência de travagem térmica do óleo de mahua-biodiesel e da sua mistura é inferior à do gasóleo. [2]Ao binário máximo, a eficiência de travagem térmica do biodiesel de óleo de mahua e da sua mistura é 16,44% e 11,52% inferior à do gasóleo. **Sajith et al. (2010) [24]** realizaram uma investigação experimental sobre o desempenho e as características das emissões de um motor diesel monocilíndrico de velocidade constante alimentado com CeO no biodiesel de Jatropha, variando de 20 a 80 p.m., respetivamente. Os resultados dos ensaios mostraram que o SFC diminuiu e o BTE aumentou com a adição de nanopartículas no biodiesel em comparação com o biodiesel puro. [222]O CeO actua como um tampão de oxigénio, aumentando assim a eficiência, e a adição de nanopartículas de CeO ao biodiesel reduziu as emissões de CO, HC e fuligem em comparação com o biodiesel sem a adição de CeO . [22]O CeO fornece oxigénio para a redução de HC e fuligem e converte-se em Ce O3 durante as reacções.
Sharanappa et al (2009) [25] constataram que o parâmetro de desempenho consumo específico de combustível nos travões, bem como as emissões de NOx, aumentaram com o aumento da percentagem de misturas de óleo de mahua e biodiesel. As emissões de HC e CO foram inferiores com o aumento da percentagem de misturas de biodiesel de mahua.

CAPÍTULO - 4

NANOPARTÍCULAS

Em geral, as nanopartículas são consideradas catalisadores favoráveis para os combustíveis, uma vez que melhoram as propriedades do combustível e a relação superfície/volume, evaporam-se rapidamente e reduzem o tempo de ignição. O tamanho das nanopartículas varia de 1 a 100 nm. Os principais requisitos para as nanopartículas como aditivos para combustíveis são:

- As nanopartículas actuam como um catalisador e destinam-se a reduzir as emissões de gases de escape e a aumentar a intensidade da oxidação no motor e nos filtros de partículas.
- Devem conservar as características típicas do motor.
- A estabilidade dos aditivos no combustível deve ser mantida em todas as condições de funcionamento.

4.1 Nanopartículas de óxido de zinco (ZnO):

Um dos compostos inorgânicos utilizados neste trabalho é o óxido de zinco (ZnO). Tem uma cor branca e é também insolúvel em água. A maioria dos óxidos de zinco utilizados são nanopartículas de ZnO sintetizadas comercialmente, que estão disponíveis sob a forma de pós e dispersões. Estas nanopartículas desempenham um papel importante nos biocombustíveis. A principal aplicação dos nanoaditivos consiste em aumentar os parâmetros de desempenho, ou seja, aumentar a eficiência térmica dos travões e reduzir o consumo específico de combustível. A utilização de nanoaditivos como o ZnO reduz as emissões dos motores, como as emissões de CO, HC e NOx. Estas nanopartículas têm algumas propriedades, tais como anti-corrosão, anti-bacteriana, anti-fúngica e de filtragem UV. Também tem o nome de oxi datum, zinc ox cum, permanent white e ketogenic, etc. Algumas das propriedades do ZnO são apresentadas no quadro seguinte.

Fig. 4.1: Nanopó de óxido de zinco

Tabela 4.1: Propriedades das nanopartículas de ZnO

Molecular formula	ZnO
Molar mass	81.408 g/mol
Nanoparticles size	<50 nm
Color	Milky white
Purity	99.9%
Surface area	20-60 m^2/g
Density	6 g/cm^3
Melting point	1975^{0}C
Boiling point	2360^{0}C
Solubility in water	0.16 mg/100 ml (at 30^{0}C)

4.2 Nanopartículas de óxido de alumínio (Al_2O_3):

Ensaio de probabilidade de ignição para investigar as propriedades de ignição das nanopartículas de alumínio e de óxido de alumínio adicionadas ao gasóleo. A adição de nanopartículas ao combustível melhora as propriedades de transferência de calor, pelo que a gota se inflama a temperaturas muito mais baixas do que com o gasóleo puro. O combustível adicionado com nanopartículas apresenta um menor atraso na ignição, maior retenção da chama, oxidação rápida e combustão completa. Catalisador de oxidação que oxida CO a CO_2, HC a CO_2 e vapor de água e carbono (fuligem). Os nanoaditivos metálicos habitualmente utilizados nos combustíveis de hidrocarbonetos são o alumínio, o ferro, o boro e o cloreto férrico.

Os nanoaditivos de óxidos metálicos utilizados nos combustíveis de hidrocarbonetos são TiO_2, ZnO, MnO, Al_2O_3 e CuO. Os nanoaditivos à base de metais actuam como catalisadores doadores de oxigénio que fornecem oxigénio para a oxidação do CO ou absorvem oxigénio para a redução dos NO_x.

Características do Al_2O_3:

- O óxido de alumínio é um nome comum para o óxido de alumínio A12O3. É um material resistente que é utilizado para muitas aplicações depois de ter sido queimado e sinterizado.
- O óxido de alumínio é um isolante elétrico, mas tem uma condutividade térmica de 40 W/mK. Ocorre mais frequentemente na forma cristalina, denominada corindo ou óxido de alumínio. Os seus graus de dureza são adequados para a utilização de componentes abrasivos em ferramentas de corte.

Propriedades do Al_2O_3:
- Boa condutividade térmica

- Elevada resistência e rigidez.
- É resistente a ataques fortes de ácidos e álcalis a temperaturas elevadas.

- Indústria automóvel.
- Filtração, militar, revestimentos, eletrónica, óleos e gases.

Aplicações do A1203:

O óxido de alumínio é utilizado mais frequentemente na indústria cerâmica e está disponível com uma pureza de 99,9%. Aplicações típicas: isoladores eléctricos, superfícies de vedação, conjuntos de valores. Aditivos de óxido de alumínio nano e submicrónico para revestimentos altamente transparentes curados por radiação em papel, madeira, substratos metálicos e plásticos.

- Isoladores eléctricos para altas tensões e temperaturas.
- Tubos para equipamento de laboratório e suportes de amostras.
- Partes de máquinas de ensaio de propriedades térmicas. Resistência aos riscos e
ao desgaste.
- Elevadas propriedades de barreira térmica Petróleo e gás, condutas de perfuração em alumínio O nanofluido de nano-óxido de alumínio melhora a recuperação de petróleo.
- Nos materiais compósitos, proporcionam uma elevada barreira, durabilidade, resistência ao fogo, rigidez, resistência ao calor, resistência ao desgaste e resistência à tração final.
- Quimicamente estável.

₂**Tabela 4.2: Propriedades das nanopartículas de Al O3**

Molecular formula	Al_2O_3
Molar mass	101.96 g/mol
Nanoparticles size	< 50 nm
Color	White
Purity	99% pure
Specific Surface area	130-140 m^2/g
Density	3.95 g/cm^3
Melting point	660.32^0C
Boiling point	2519^0C

4.3 ECONOMISTAS DE SUPERFÍCIE:

Os tensioactivos são utilizados numa grande variedade de produtos domésticos e são úteis como emulsionantes, solubilizadores, agentes molhantes e dispersantes. As misturas de tensioactivos foram dissolvidas em óleo e depois misturadas com água, resultando na formação de composições específicas. O Tween 80 foi utilizado como tensioativo e co-surfactante. A principal função dos tensioactivos é diminuir a tensão superficial na interface ar/líquido. O polissorbato 80 é um tensioativo não-iónico e um emulsionante habitualmente utilizado em produtos alimentares e cosméticos. Trata-se de um líquido amarelo viscoso e solúvel em água.

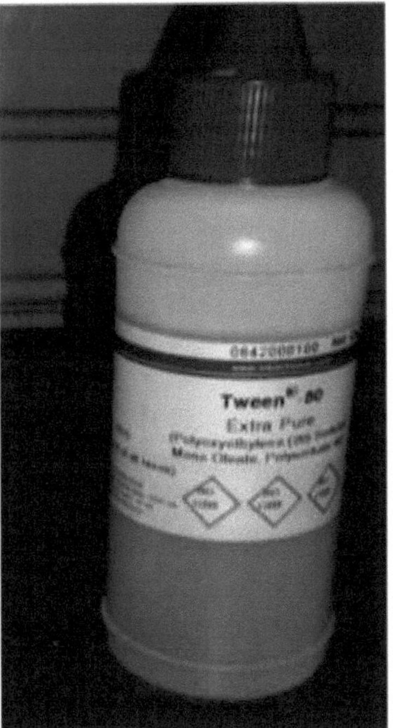

Fig. 4.2: Tensioativo Tween 80
Vantagens dos tensioactivos:

Os tensioactivos são utilizados para aumentar a estabilidade do biodiesel sob a pressão e a temperatura de funcionamento do reservatório, não causam danos e a sua utilização é economicamente viável.

- O Tween é considerado naturalmente biodegradável e não se espera que persista no ambiente.
- O Tween é uma matéria-prima comprovada que é utilizada em várias aplicações.
- O Tween 80 (polissorbato 80) é um tensioativo hidrofílico não iónico que é frequentemente utilizado como componente de veículos de dosagem para estudos pré-clínicos in vivo.
- O Tween 80 aumentou a permeabilidade apical e basolateral da digoxina em células CaCO2, sugerindo que o Tween 80 é um inibidor in vitro.

CAPÍTULO - 5

METODOLOGIA EXPERIMENTAL

Produção de biodiesel de mahua

Existem dois métodos para produzir biodiesel de mahua. Estes são a esterificação (catalisada por ácido) e a transesterificação (catalisada por base).

5.1 Esterificação

Trata-se de um tratamento ácido que desempenha um papel importante na remoção do glicerol e reduz a viscosidade do óleo de mahua durante a produção de biodiesel. O processo de esterificação inclui as seguintes etapas.

- ^{0}Em primeiro lugar, o óleo puro de Madhuca indica foi aquecido num copo aberto a uma temperatura entre 1000 e 110 C para remover as partículas de água contidas no óleo.

- Depois de adicionar 10 ml de H2SO4 e 200 ml de metanol a um balão.

- O óleo aquecido é arrefecido lentamente até uma temperatura de 50-550°C.

- Depois de adicionar a mistura acima, adicione o óleo lentamente, mexendo sempre.

- Fechar o Erlenmeyer com um palato fechado para evitar a evaporação do metanol (a temperatura de ebulição do metanol é de 55-600 °C).

- A mistura acima referida é aquecida continuamente durante 3-4 horas.

- Após a reação, apresenta duas camadas diferentes.

- Para separar estas duas camadas, a mistura foi vertida num funil separado.

- Deixar a mistura repousar no funil durante 8-12 horas.

- A camada superior era de éster e a camada inferior de glicerina.

- A camada superior foi utilizada para o processo posterior de água e transesterificação e o glicerol restante foi removido.

Fig. 5.1: Processo de esterificação

Fig. 5.2: Formação de glicerol

5.2 Processo de transesterificação

Neste trabalho, o biodiesel de Mahua é produzido utilizando o processo de transesterificação. O processo de transesterificação pode ser definido como o processo de reação do óleo com um álcool, que pode ser metanol ou etanol, na presença de um catalisador como hidróxido de potássio ou hidróxido de sódio, para decompor quimicamente a molécula de óleo em ésteres metílicos ou etílicos.

$$\text{Triglycerides} + ROH \rightleftharpoons \text{Diglycerides} + R_1COOR$$

$$\text{Diiglycerides} + ROH \rightleftharpoons \text{Monoglycerides} + R_2COOR$$

$$\text{Monoglycerides} + ROH \rightleftharpoons \text{Glycerol} + R_3COOR$$

Triglyceride	Methanol	Glycerol	Methyl Esters

As reacções acima descritas mostram que ocorre a conversão de triglicéridos em diglicéridos, seguida da conversão de diglicéridos em monoglicéridos e de monoglicéridos em glicerol, formando-se uma molécula de éster metílico a partir de cada glicerol em cada etapa do processo apresentado nas reacções acima descritas.

O processo de transesterificação foi efectuado nas seguintes etapas.

- No início, misturaram-se 200 ml de metanol e 7,5 g de KOH na proporção correcta da quantidade medida.

- ^{0}Em seguida, aquece-se 1 litro de óleo de mahua em bruto a uma temperatura de 100 a 110 C.

- Quando o óleo atinge uma temperatura de 1000C, as partículas de água vaporizam-se. O óleo foi então vendido a 50-550C. O metanol e o KOH foram misturados com o mahua sob agitação constante a uma temperatura constante de 550C.

- Desta forma, a mistura é aquecida continuamente durante 1-2 horas.

- O éster metílico de mahua e o glicerol foram então separados após 8-12 horas num Erlenmeyer.

- Em seguida, os ácidos gordos e a glicerina livres são retirados do frasco através do método de lavagem com água, que elimina os ácidos gordos e a glicerina do óleo.

O óleo esterificado foi recolhido do Erlenmeyer.
^{0}Após o óleo esterificado ter sido aquecido a 100 C, o teor de água foi removido e o biodiesel puro foi finalmente obtido.

Figura 5.3: Transesterificação

Fig. 5.4: Separação de biocombustível e glicerina bruta

5.3 Água de lavagem

Primeiro, misturam-se bem 300 ml de água e 500 ml de óleo de mahua e agita-se bem. Deixa-se repousar a mistura durante 24 horas, após o que se retira a água e a glicerina. Para eliminar a quantidade de metanol que permanece no óleo, este é lavado com água. Após a decantação, o óleo separa-se do glicerol. O óleo foi então aquecido a 1000C para remover quaisquer partículas de água no óleo, que foram depois vaporizadas.

Fig. 5.5: Lavagem com água

Fig. 5.6: Assentamento de lavagem de água

Fig. 5.8: Misturas B50 e B30 de biodiesel de mahua

Foram efectuados os procedimentos para determinar as propriedades físicas do biodiesel de Mahua com nanopartículas e as suas misturas com gasóleo. O objetivo do ensaio do motor era determinar o desempenho do motor em termos de eficiência térmica do travão, consumo específico de combustível do travão e emissões em condições de binário variável a velocidade constante.

5.4 Ensaio de viscosidade com viscosímetro de madeira vermelha

Filtra-se a amostra preparada, enche-se o copo até ao bordo de transbordo e agita-se até que a temperatura se mantenha constante. Coloca-se o visor de medição no ponto em que o fluxo de óleo do fundo do viscosímetro toca apenas o gargalo do balão; liga-se um cronómetro e pára-se no momento em que o fundo do menisco atinge a marca de graduação. Repete-se o mesmo procedimento a diferentes temperaturas e para diferentes misturas.

$_{tPR}$ é a densidade do óleo em g/cm3 p é a respectiva temperatura.

Viscosidade cinemática (γ) = 0,26t-1,72/t, em que t é o tempo em segundos

Viscosidade dinâmica (μ) = $\gamma * p_t$

$$\rho t = \rho R - 0,00065(T\text{-}TR)$$

Em que T é a temperatura atingida e TR é a temperatura ambiente.

Fig. 5.9: Viscosímetro Redwood

5.5 Ensaio do ponto de inflamação e de combustão com Ables Ensaio do ponto de inflamação e de combustão

A amostra é retirada do copo até à marca desejada. Aquece-se durante um certo período de tempo. Passa-se uma chama sobre a superfície do óleo a intervalos regulares para determinar o ponto de inflamação e o ponto focal. O ponto de inflamação é considerado como um flash que ocorre durante um segundo acima da superfície. O ponto de inflamação é atingido quando o óleo se incendeia. Podemos determinar o ponto de inflamação e o ponto de fogo com um termómetro. O ponto de inflamação é 10-15 graus mais elevado do que o ponto de inflamação.

Fig. 5.10: Chama de Ables e ponto focal

5.6 Ensaio do poder calorífico com o calorímetro de bomba

O peso do cadinho foi transferido com a amostra e colocado no cadinho. Colocou-se o cadinho num recipiente de bombardeamento após a adição de 15 ml de água destilada no fundo do recipiente de bombardeamento.

Ligou-se à bomba um fio de ignição de platina, de modo a que a parte da amostra tocasse nesse fio. O recipiente da bomba foi selado e carregado com oxigénio puro a 15 bar. O recipiente da bomba foi colocado num outro recipiente contendo 2400 ml de água, que foi enchido com um agitador e um termómetro. A temperatura do banho de água foi observada e registada a intervalos de um minuto durante cinco minutos após a detonação da bomba. A temperatura do banho de água foi continuamente observada e registada a intervalos de um minuto durante um novo período de dez minutos.

Fig. 5.11: Calorímetro de bomba

1+2cfO poder calorífico superior é dado por CV= (m m)*(T +ΔT) *Cw/m .1

Em que AT é a diferença de temperatura antes da ignição e o aumento da temperatura final e a massa da amostra.

5.7 Ensaio de fugas

A densidade dos óleos puros e das suas misturas foi determinada utilizando o método do hidrómetro. ^{0}A densidade à temperatura ambiente foi determinada e posteriormente corrigida para a densidade a 15 C utilizando as tabelas de petróleo, uma vez que esta é uma indicação fiável da densidade.

Tabela 5.1: Propriedades das misturas de gasóleo e biodiesel de mahua

Fuel property	DIESEL	MB30	M40	MB50	MB100
Kinematic viscosity @40^{0}C in CST	3.2	4.5	4.9	5.25	8.95
Flashpoint (^{0}C)	58	46	50	53	158
Fire point (^{0}C)	62	50	54	58	168
Calorific value (KJ/kg)	43400	40819.8	38584	36349	34210
Density @15^{0}C in kg/m^3	840	846	858	871	901

Tabela 5.2: Propriedades do biodiesel de mahua com nano-aditivos

Fuel Property	MB50	MB50+100ppm Al_2O_3	MB50+100ppm ZnO
Kinematic viscosity @40^{0}C in CST	5.25	6.75	6.28
Flashpoint (^{0}C)	53	57	54
Fire point (^{0}C)	58	68	65
Calorific value (KJ/kg)	36349	39167	38584
Density @15^{0}C in kg/m^3	871	878.8	866

5.8 A máquina de ensaio

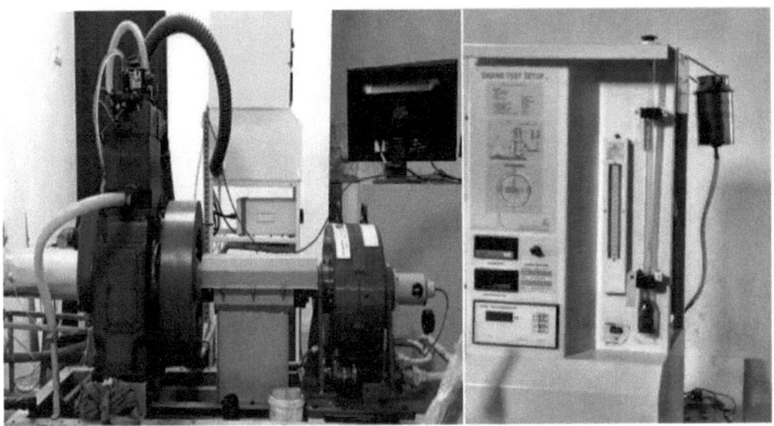

Fig. 5.12: Motor de teste

A configuração de ensaio consiste num motor diesel monocilíndrico a quatro tempos arrefecido a água com um motor naturalmente aspirado, que está ligado a um equipamento de ensaio de travões de água para carregar o motor. O motor funcionou a uma velocidade de 1500 rpm e a uma taxa de compressão de 17,5:1. O consumo de combustível foi medido utilizando uma bureta e um cronómetro. O termopar é utilizado para medir a temperatura dos gases de escape. O analisador de gases de escape é utilizado para medir os gases de escape como o CO, HC e NOx. Esta experiência foi realizada com gasóleo puro, uma mistura de óleo de Mahua para B30, B40, B50 e biodiesel utilizando nanofluido de ZnO como aditivo. Os efeitos são representados em função da carga (%). A configuração do ensaio é mostrada na Fig. 1.

5.9 Procedimento experimental

No início, o motor foi ligado com gasóleo limpo e aquecido. A fase de aquecimento terminou quando a temperatura da água de arrefecimento líquida se estabilizou. O consumo de combustível e as emissões de escape de CO, HC, NOx e fumo foram então medidos e registados a várias cargas. Procedimentos semelhantes foram repetidos para o combustível de éster metílico de óleo de mahua (MOME).

Os ensaios foram realizados com gasóleo puro como combustível de base, ou seja, com B0, 30% de biodiesel + 70% de gasóleo (B30), 40% de biodiesel + 60% de gasóleo (B40), 50% de biodiesel + 50% de gasóleo (B50) a várias cargas do motor, de 0% a 100% da carga nominal do motor, em incrementos aproximados de 25%. Antes de o motor ser mudado para um novo combustível, deixou-se funcionar o tempo suficiente para consumir o combustível restante do ensaio anterior ou para remover o óleo do motor. Para medir os parâmetros de desempenho, foram medidos parâmetros de funcionamento importantes, como a potência, o consumo de combustível, as emissões de escape e a pressão dos cilindros. Foram medidos parâmetros de desempenho do motor, como o consumo específico de combustível e a eficiência térmica do biodiesel e das suas misturas.

Tabela 5.3: Especificações do motor de ensaio

S.NO	Particulars	Description
1	Engine type	Four-stroke, single cylinder, vertical water cooled, diesel engine
2	Bore diameter	87.50 mm
3	Stroke length	110.00 mm
4	Compression ratio	17.5:1
5	Rated power	5.20 kW
6	Speed	1500 RPM
7	Dynamometer	Eddy current type

5.10 Analisador de gases de escape

[2223]As emissões de escape de um motor de combustão interna são constituídas por óxidos de carbono (CO e CO), hidrocarbonetos não queimados (HC), óxidos de azoto (NO e NO), óxidos de enxofre (SO e SO), partículas, fuligem e fumo. As emissões de HC são principalmente causadas pela absorção de depósitos de parede, películas de óleo e volumes de cisão. [2]As emissões de CO ocorrem quando não há oxigénio suficiente para converter todo o carbono em CO . O NOx é produzido principalmente a partir do azoto presente no ar. O azoto pode também estar contido nas misturas de combustível. Um instrumento para analisar a composição química dos gases de escape de um motor alternativo é chamado um analisador de gases de escape.

O dispositivo mede as concentrações de monóxido de carbono (CO), dióxido de carbono (CO2) e oxigénio (O2) em percentagem, hidrocarbonetos (HC) e óxidos de azoto (NOx) em PPM. Quando a sonda é inserida no tubo de escape do motor, os gases de escape passam através de um crivo metálico.

O crivo filtra as partículas de fuligem e de poeira e, em seguida, deixa-as fluir através de um elemento de fibra fina, que filtra todo o gás em busca de partículas estranhas. O gás de amostra, limpo e frio, passa então através de um dispositivo de filtragem para o sensor de medição direta e os valores medidos são apresentados e registados no ecrã. A partir destes valores, foram formados vários grupos entre diferentes parâmetros, a fim de obter uma comparação entre o gasóleo puro e várias misturas de biocombustíveis a uma taxa de compressão constante.

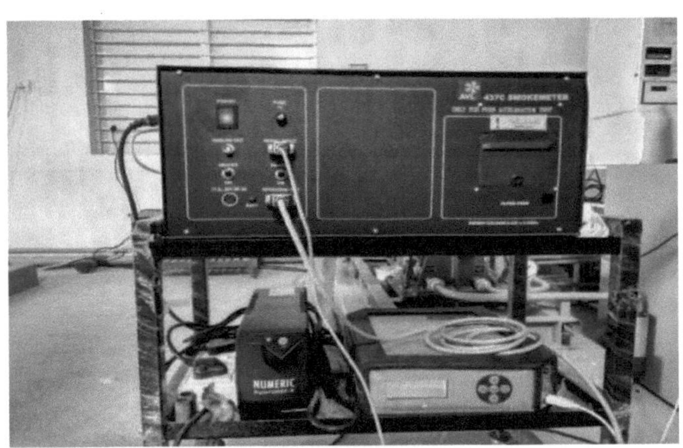

Fig. 5.13: AVL DI GAS 444N

Quadro 5.4: Dados técnicos do analisador de gases de combustão

Emissions	Measurement data	Resolution
CO	0-15% Vol	0.001% Vol
HC	0-20000 ppm	1ppm/10ppm
CO_2	0-20% Vol	0.1% Vol
O_2	0-25% Vol	0.01% Vol
NOx	0-6000 ppm	1 ppm

5.11 Analisador de gases de combustão

O analisador de fumos AVL é um analisador de fumos de filtro para medir o teor de fuligem nos gases de escape dos motores diesel. [3]Utiliza o método do papel de filtro para determinar o número de fumo do filtro (FSN definido de acordo com a norma ISO 10054) e a concentração de fuligem em mg/m . O volume de amostragem variável e o condicionamento térmico dos gases de escape asseguram uma reprodutibilidade extremamente elevada e uma vasta gama de aplicações. O dispositivo pode ser utilizado não só em grandes motores, mas também em motores ligeiros, independentemente da sua geração. Para além das medições de gases de escape brutos, as medições podem também ser efectuadas a altitudes até 5000 metros com a ajuda de opções do dispositivo. Pode também ser utilizado com elevada resolução de medição e baixos limites de deteção. Troca de papel atempada devido ao indicador de papel de filtro residual. Elevada reprodutibilidade, melhor eficiência de limpeza e maior robustez contra gases de escape húmidos devido à purga de ar operacional de todo o percurso do gás.

Fig. 5.14: Aparelho de medição do fumo AVL 437C

S.NO	Particulars	Specifications
1	Opacity measurement	0-100% , Resolution 0.1%
2	Absorption (K value)	0.99-99 m^{-1}, Resolution 0.01 m^{-1}
3	Accuracy and Reproducibility	± 1% full-scale reading
4	Heating Time	220 V (approx.. 20 min)
5	Color temperature	3000 K ± 150 K
6	Light source	Halogen bulb 12 V/5 W
7	Detector	Selenium photocell Dia 45 mm
8	Frequency range	550 to 570 nm. Below 430 nm and above 680 nm sensitivity is less than 4% rated to the maximum sensitivity
9	Maximum smoke	210^0 C Temperature at entrance

Tabela 5.5: Dados técnicos do detetor de fumo AVL 437c

CAPÍTULO - 6

RESULTADOS E DISCUSSÃO

6.1 CARACTERÍSTICAS DE DESEMPENHO

Tabela 6.1 Carga vs. eficiência térmica do travão

LOAD (%)	BTE (%)			
	Diesel	MB30	MB40	MB50
0	0.64	0.66	0.78	0.89
25	21.34	22.49	22.59	22.69
50	30.29	28.76	29.8	30.9
75	34.13	32.26	34.3	36.33
100	34	34.26	36.5	38.8

Quadro 6.2 Carga comparada com consumo específico de combustível

LOAD (%)	SFC (kg/kWh)			
	Diesel	MB30	MB40	MB50
25	0.4	0.39	0.42	0.44
50	0.28	0.31	0.32	0.32
75	0.25	0.27	0.26	0.27
100	0.25	0.26	0.26	0.27

Fig. 6.1: Variação da eficiência térmica do travão em função da carga

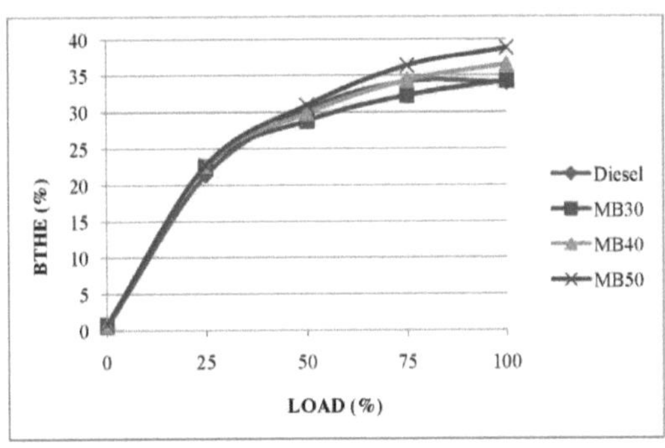

A Fig. 6.1 mostra a alteração da eficiência térmica dos travões para o diesel, B50, B40 e B30. Pode ver-se claramente que o BTE aumenta com o aumento da carga devido à combustão completa. Os resultados dos ensaios disponíveis mostram que o B50 tem a maior eficiência térmica em comparação com o gasóleo devido ao seu menor teor de calor, maior viscosidade, maior densidade e menor volatilidade. O BTW alcançado a plena carga para o gasóleo, B50, B40 e B30 é de 34%, 38,8%, 36,5% e 34,26%, respetivamente.

Fig. 6.2: Variação do consumo específico de combustível com a carga

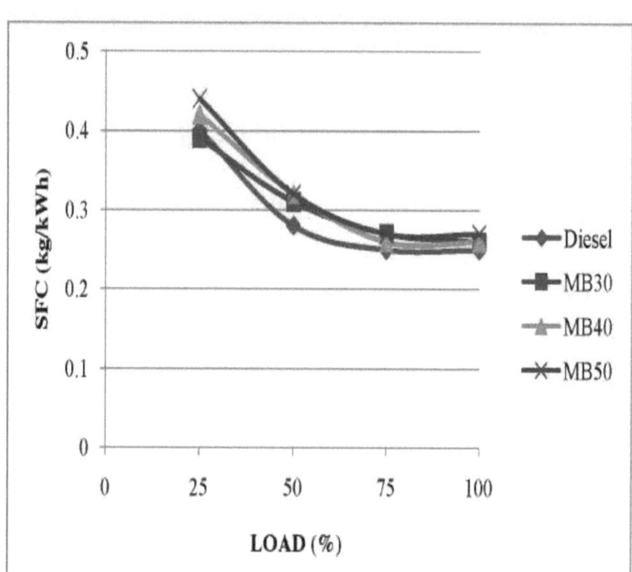

A Fig. 6.2 mostra a variação do SFC para o gasóleo, B50, B40 e B30. O gráfico acima mostra que o B50 tem o SFC mais elevado em comparação com o gasóleo e os outros combustíveis de ensaio. Isto deve-se à elevada viscosidade, densidade, baixa volatilidade e baixo teor de calor do biodiesel em comparação com o gasóleo.

No entanto, à medida que a proporção de aditivos no biodiesel aumenta, o SFC diminui em função da carga e mostra que os resultados estão próximos dos valores do gasóleo. Este facto pode dever-se à melhoria da combustão, à baixa viscosidade e à elevada volatilidade dos combustíveis de ensaio com aditivos. Os valores obtidos a plena carga para o gasóleo, B50, B40 e B30 são 0,25, 0,27, 0,26 e 0,26 kg/kWh, respetivamente.

6.2 CARACTERÍSTICAS DAS EMISSÕES

Quadro 6.3 Carga comparada com emissões de CO

LOAD (%)	CO (%)			
	Diesel	**MB30**	**MB40**	**MB50**
0	0.105	0.088	0.076	0.063
25	0.062	0.032	0.029	0.026
50	0.037	0.021	0.016	0.012
75	0.045	0.043	0.036	0.028
100	0.153	0.129	0.145	0.161

Quadro 6.4 Carga comparada com as emissões de HC

LOAD (%)	HC (ppm)			
	Diesel	**MB30**	**MB40**	**MB50**
0	15	5	5	5
25	18	4	4	3
50	21	17	14	10
75	25	32	27	22
100	45	44	46	49

Quadro 6.5 Carga comparada com as emissões de NOx

LOAD (%)	NO_x (ppm)			
	Diesel	**MB30**	**MB40**	**MB50**
0	108	121	138	154
25	553	665	678	691
50	1334	1534	1500	1465
75	1915	2246	2238	2229
100	2049	1653	2020	2388

Quadro 6.6 Carga em relação à opacidade dos fumos

LOAD (%)	SMOKE OPACITY (%)			
	Diesel	MB30	MB40	MB50
0	5.2	3.9	5.2	6.6
25	15.3	8	13	18.1
50	23.8	19	22	26
75	51.5	30.7	34.4	38.2
100	76.6	51.1	55.8	60.6

Quadro 6.7 Carga comparada com emissões de CO2

LOAD (%)	CO_2 (%)			
	Diesel	MB30	MB40	MB50
0	1.83	1.82	1.84	1.87
25	3.52	3.55	3.66	3.78
50	5.32	5.34	5.35	5.36
75	6.99	7.15	7.71	8.27
100	9.02	6.71	8.12	9.52

Fig. 6.3: Variação das emissões de CO com a carga

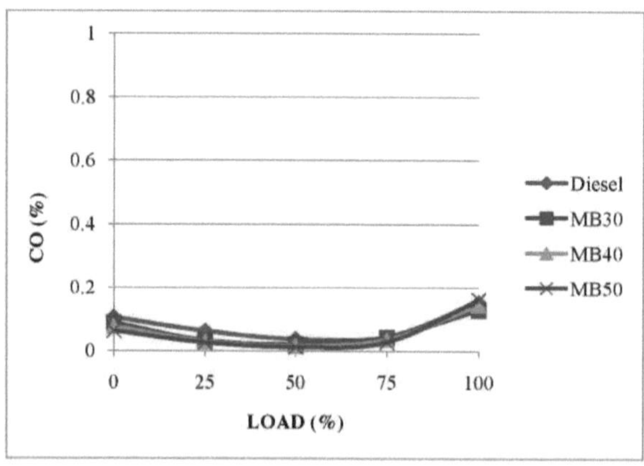

A Fig. 6.3 mostra a variação das emissões de CO em função da carga. O diagrama mostra que as emissões de CO diminuem inicialmente até 65% a cargas mais baixas e depois aumentam acentuadamente para todos os combustíveis de ensaio preparados. A plena carga, o B50 apresenta as emissões de CO mais elevadas, o que se deve às más características da pulverização que conduzem a uma combustão incorrecta, o que, por sua vez, favorece a formação de CO.

Para evitar esta situação, é necessário aumentar a percentagem de aditivos de CO para todas as misturas produzidas. Isto deve-se a uma boa caraterização da pulverização, a uma boa relação ar/combustível e a uma boa combustão. As emissões máximas de CO para o gasóleo, B50, B40 e B30 são de 0,153, 0,161, 0,145 e 0,129 %, respetivamente.

Figura 6.4: Variação das emissões de HC com a carga

A Fig. 6.4 mostra a alteração das emissões de HC em função da alteração da carga. Inicialmente, o B30 e o B40 apresentam emissões de HC elevadas em comparação

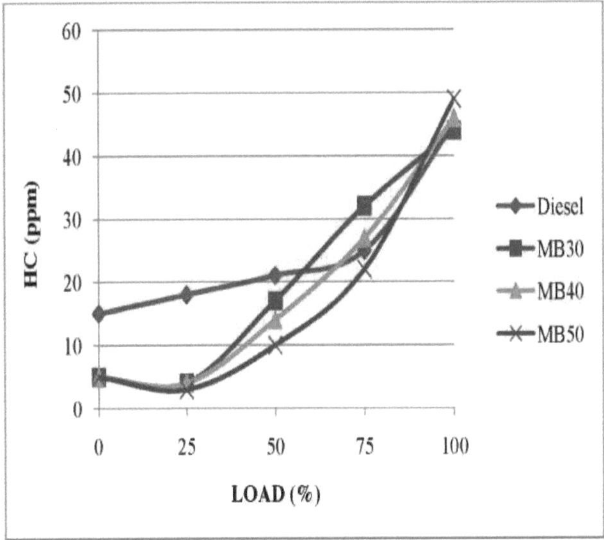

com o gasóleo até uma determinada carga, depois o B50 apresenta as emissões de HC mais elevadas a plena carga em comparação com os outros combustíveis de ensaio. Em geral, o biodiesel produz menos emissões de HC em comparação com o gasóleo, o que se deve à melhor combustão do combustível de ensaio e da sua mistura com aditivos devido à presença de oxigénio. No entanto, quando a percentagem do aditivo é aumentada, as emissões de HC aumentam dependendo da carga, uma vez que a baixa pressão e temperatura do cilindro causam uma combustão incompleta, ou seja, uma baixa taxa de combustão. As emissões de HC para o gasóleo, B50, B40 e B30 são de 45, 49, 46 e 44 ppm respetivamente.

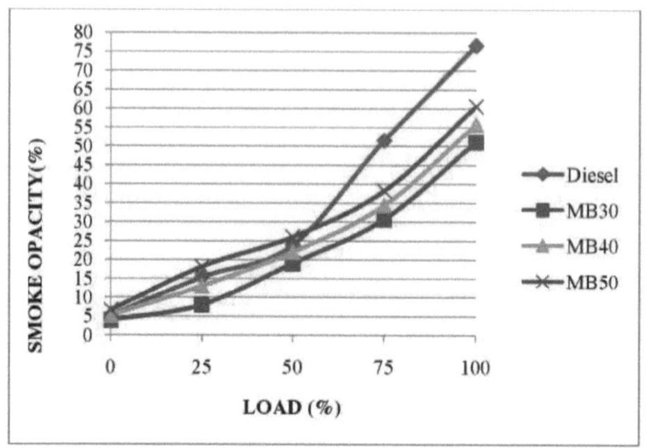

Fig. 6.5: Variação do desenvolvimento dos fumos com a carga

A variação das emissões de fumo em função da carga é mostrada na Figura 6.5. O diagrama mostra que o gasóleo tem as emissões de fumo mais elevadas juntamente com os combustíveis de ensaio preparados. A plena carga, as emissões de fumo são mais elevadas com o B50, uma vez que a elevada viscosidade, a baixa volatilidade, a elevada densidade, o baixo teor de calor e a estrutura molecular pesada podem levar a uma combustão incompleta devido à falta de oxigénio. No entanto, à medida que a proporção do aditivo aumenta, as emissões de fumo diminuem e os resultados são semelhantes aos do gasóleo. Isto pode dever-se à menor viscosidade, maior volatilidade e menor densidade do biodiesel, resultando numa combustão adequada. As emissões de fumo determinadas a plena carga para o gasóleo, B50, B40 e B30 são de 76,6, 60,6, 55,8 e 51,1 %, respetivamente.

Fig. 6.6: Variação das emissões de NOx com a carga

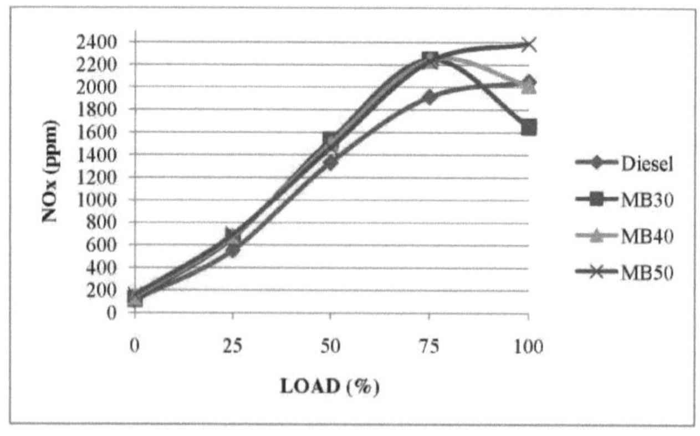

A Fig. 6.6 mostra a variação das emissões de NOx com a carga para o gasóleo, B50, B40 e B30. A literatura mostra que a caixa é diretamente proporcional à potência do motor, uma vez que as emissões de NOx aumentam com o aumento da combustão e da temperatura dos gases de escape. Os resultados do gráfico acima mostram que as emissões de NOx aumentam com o aumento da carga, o que se deve ao aumento da pressão e da temperatura do cilindro a cargas mais elevadas. É mais elevado a B50 porque o elevado teor de oxigénio leva a uma combustão completa, o que provoca uma temperatura de combustão elevada. À carga mais elevada, as emissões de NOx para o gasóleo, B50, B40 e B30 são de 2049, 2388, 2020 e 1653 ppm, respetivamente.

Figura 6.7: Variação das emissões de CO2 com a carga

2A Fig. 6.7 mostra a alteração das emissões de CO com uma carga para o gasóleo,

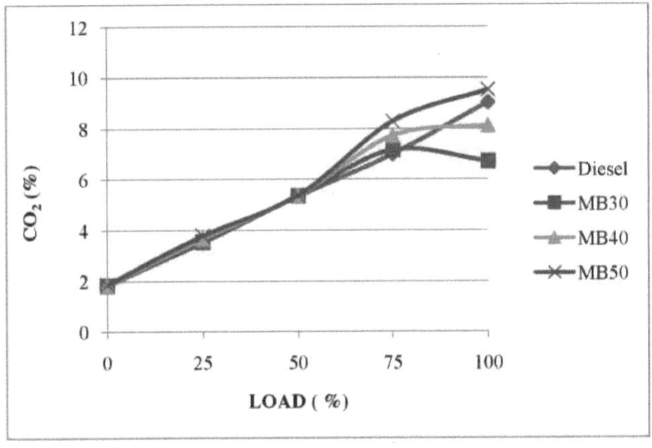

B50, B40 e B30. 2Pode observar-se que as emissões de CO aumentam com o aumento do rácio de mistura do biodiesel de Mahua. 2 A figura acima mostra que o M50 tem uma emissão de CO mais elevada do que os outros combustíveis de ensaio. 2 medida que o rácio de carga aumenta, as emissões de CO das misturas de combustível aumentam rapidamente. Também se observou que os valores do M50 são mais elevados do que os do gasóleo. Esta tendência pode dever-se à oxidação completa do carbono presente no biodiesel devido ao seu teor de oxigénio inerente. 2Ao aumentar a proporção de nanoaditivos, as emissões de CO diminuem.

Durante o presente estudo, foram efectuados vários ensaios num motor monocilíndrico a quatro tempos DI arrefecido a água, utilizando diesel e misturas de biodiesel de mahua (B50, B40 e B30) em diferentes proporções volumétricas. Os resultados dos ensaios permitiram tirar as seguintes conclusões: A eficiência térmica do travão aumenta com o aumento da carga com o biodiesel de Mahua e é mais elevada (B50) do que com o gasóleo puro.

- O consumo de combustível específico dos travões é mais elevado para o B50 em todas as cargas, o que se deve à elevada densidade, à elevada volatilidade e ao baixo teor de calor do biodiesel. As emissões de CO diminuem inicialmente até uma carga de 75 % e aumentam depois a plena carga para todos os combustíveis analisados. Exceto a plena carga, as emissões de HC são inferiores em todas as outras condições de carga em comparação com os outros combustíveis ensaiados, o que se deve à combustão completa devido ao teor de oxigénio.
- O gasóleo tem as emissões de fumo mais elevadas em comparação com os combustíveis de ensaio preparados. A plena carga, as emissões de fumo são mais elevadas com o B50, uma vez que a elevada viscosidade, a baixa volatilidade, a elevada densidade, o baixo teor de calor e a estrutura molecular pesada podem causar uma combustão incompleta devido à falta de oxigénio, em comparação com o B40 e o B30.
- As emissões de NOx aumentam com o aumento da carga, uma vez que a pressão e a temperatura do cilindro aumentam a cargas mais elevadas. É mais elevado no B50 devido ao elevado teor de oxigénio, que conduz a uma combustão completa e, por conseguinte, a uma temperatura de combustão elevada.
-
- O B50 tem emissões de CO2 mais elevadas do que os outros combustíveis de ensaio. Esta tendência deve-se possivelmente à oxidação completa do carbono presente no biodiesel devido ao seu teor de oxigénio inerente.
-

Este projeto será alargado mediante a utilização de uma mistura de biodiesel de Mahua B50 com a adição de nanoaditivos e a comparação dos resultados de desempenho e emissões com os valores do biocombustível B50 sem a adição de nanoaditivos.

6.3 CARACTERÍSTICAS DE DESEMPENHO COM NANO-ADITIVOS

Tabela 6.8: Carga comparada com a eficiência térmica do travão

Load (%)	BTE (%)			
	Diesel	**MB50**	**MB50+100Al$_2$O$_3$**	**MB50+100ZnO**
0	0.64	0.6	0.53	0.18
25	21.34	22.53	22.99	22.18
50	30.29	31.21	32.81	31.3
75	34.13	36.77	38.3	36.43
100	34	37.8	39.26	37.34

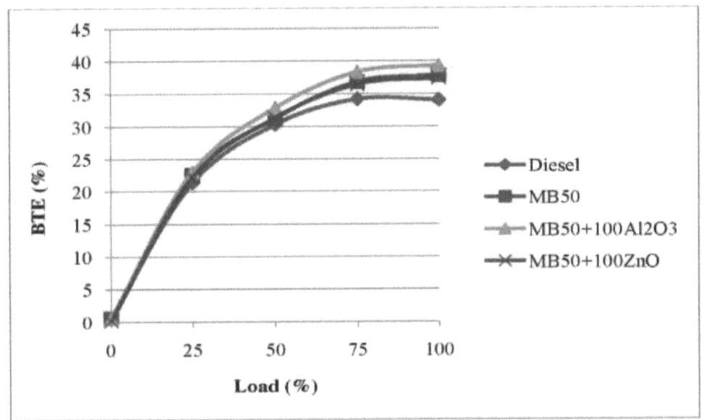

Fig. 6.8: Variação da eficiência térmica do travão com a carga do motor

A figura 6.8 mostra que a eficiência térmica do travão aumenta com o aumento da carga para todas as misturas de combustível ensaiadas. 23O MB50+100Al O mostra que a eficiência térmica do travão é mais elevada devido às melhores propriedades de pulverização e ao oxigénio dissolvido nos ésteres da mistura MB50 na câmara de combustão. Isto leva a uma utilização eficaz do ar, resultando numa combustão completa. 23Além disso, a mistura MB50+100Al O tem um poder calorífico mais elevado dos nanoaditivos, combinado com melhores propriedades de combustão das nanopartículas, como a maior relação área superficial/volume, o que permite que a maior parte do combustível reaja com o ar para melhorar a eficiência térmica do travão.

A plena carga, a eficiência térmica máxima para o gasóleo, MB50, MB50+100ZnQ e MB50+100AhQ3 é de 34%, 37,8%, 37,34% e 39,26%, respetivamente. A utilização de nano-aditivos de óxido de alumínio aumentou a eficiência térmica em 3,86% em comparação com os outros combustíveis testados.

Quadro 6.9: Carga e consumo específico de combustível para os travões

Load (%)	BSFC (kg/kWh)			
	Diesel	MB50	MB50+100Al$_2$O$_3$	MB50+100ZnO
25	0.40	0.44	0.4	0.42
50	0.28	0.32	0.28	0.3
75	0.25	0.27	0.24	0.26
100	0.25	0.27	0.24	0.25

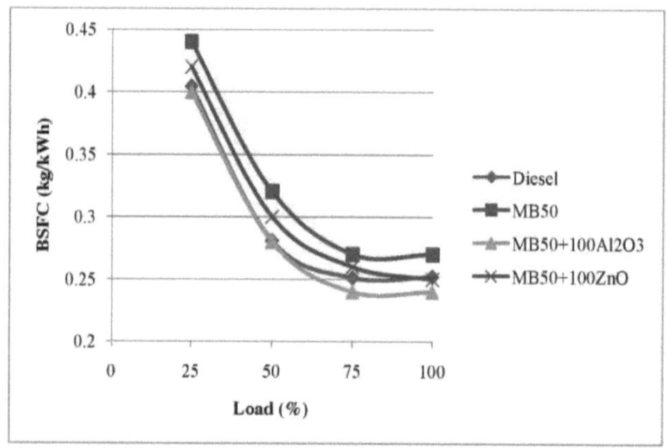

Fig. 6.9: Variação do BSFC em função da carga do motor

A Fig. 6.9 acima mostra a variação do BSFC a diferentes cargas. O MB50+100Al$_2$O$_3$ resulta no menor consumo específico de combustível em comparação com o gasóleo, o MB50 e o MB50+100 ZnO. A figura mostra que o BSFC diminui com o aumento da carga. A adição de nanopartículas às misturas melhora a relação superfície/volume devido ao efeito catalítico durante a combustão no cilindro do motor. A adição de nanopartículas de óxido de alumínio ao óleo de Mahua resulta num BSFC mais baixo devido ao aumento do poder calorífico e do efeito catalítico.

O diagrama acima mostra que o BSFC a plena carga para o gasóleo, MB50, MB50+100ZnO e MB50+100Al2O3 é de 0,25, 0,27, 0,25 e 0,24 kg/kWh, respetivamente. Globalmente, pode ver-se no diagrama que a utilização de nano-aditivos de alumínio reduz o consumo de combustível em 11,11 kg/kWh em comparação com os outros combustíveis testados.

6.4 COMPORTAMENTO DE EMISSÃO COM NANO-ADITIVOS

Quadro 6.10: Carga comparada com emissões de CO

Load (%)	CO (%)			
	Diesel	MB50	MB50+100Al$_2$O$_3$	MB50+100ZnO
0	0.105	0.063	0.031	0.018
25	0.062	0.026	0.012	0.014
50	0.037	0.012	0.009	0.012
75	0.045	0.028	0.016	0.019
100	0.153	0.141	0.098	0.115

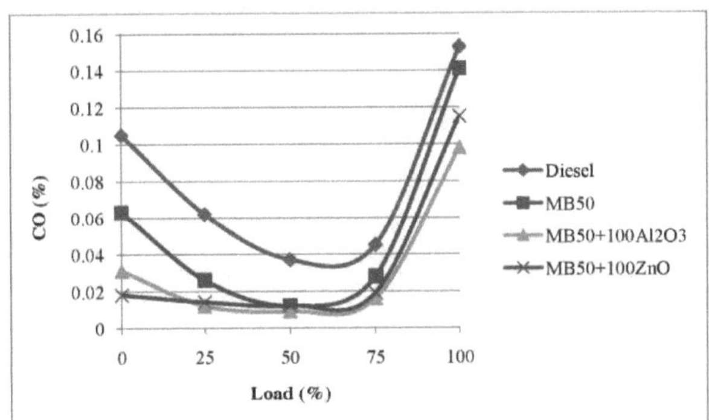

Fig6.10: Variação das emissões de CO com a carga do motor

A Fig. 6.10 mostra as emissões de CO do gasóleo, do MB50, do MB50+100ZnO e do MB50+100ALO3. As emissões de CO do MB50+100Al2O são inferiores às dos outros combustíveis ensaiados.

Em geral, a formação de CO deve-se à falta de o2 e de tempo na câmara de combustão durante o processo de combustão. Isto deve-se principalmente à elevada viscosidade e pequenos aumentos na gravidade específica podem suprimir todo o processo de combustão. Em geral, os motores de ignição por compressão funcionam com uma mistura mais pobre, pelo que as emissões de CO são mais baixas. Isto pode possivelmente ser atribuído às propriedades de ignição melhoradas das nanopartículas, que conduzem a uma elevada atividade catalítica devido à sua maior relação superfície/volume, melhorando a taxa de mistura combustível-ar. Em conclusão, pode dizer-se que a presença de oxigénio nas nanopartículas conduz a uma melhor combustão e, por conseguinte, a uma redução das emissões de CO. A plena carga, as emissões de CO para o gasóleo, MB50, MB50+100ZnO e MB50+100A^O3 são 0,153, 0,141, 0,115 e 0,098 %, respetivamente. O diagrama acima mostra que o uso de nano-aditivos Al2O3 no biodiesel reduz as emissões de CO em 30,49% em comparação com outras misturas de combustível testadas.

Quadro 6.11: Carga comparada com as emissões de HC

Load (%)	HC (ppm)			
	Diesel	MB50	MB50+100Al$_2$O$_3$	MB50+100ZnO
0	15	8	5	6
25	18	10	7	9
50	21	16	12	15
75	25	23	19	20
100	45	38	22	26

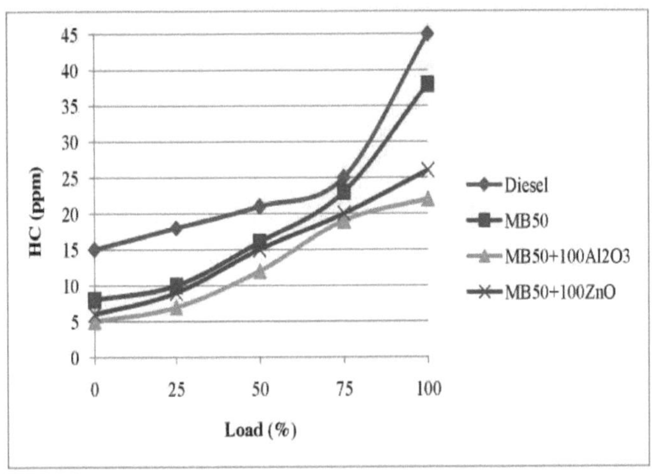

A Figura 6.11 acima mostra a alteração das emissões de HC com a carga do motor para misturas de biodiesel com e sem nano-aditivos de MB50. [2]Em geral, as emissões de HC aumentam quando mais combustível é injetado no cilindro a uma carga mais elevada devido ao menor O para a reação. Quando o rácio de mistura aumenta, as emissões de HC diminuem. Isto deve-se ao facto de o número de cetano dos combustíveis à base de ésteres ser superior ao do gasóleo. O efeito de um tempo de retardamento da ignição mais curto conduz a menores emissões de HC. O combustível não queimado é responsável pela formação de emissões de HC. [23]O MB50+100Al O tem emissões de HC mais baixas do que o gasóleo, o MB50 e o MB50+100ZnO. Isto deve-se à mistura perfeita do combustível com o ar e aumenta o processo de oxidação. Outra razão foi o facto de o combustível nano-aditivo ter um rácio superfície/volume mais elevado. [23]A plena carga, as emissões de HC para o gasóleo, MB50, MB50+100ZnO e MB50+100Al O são de 45, 38, 26 e 22 ppm, respetivamente. [23]O gráfico acima mostra que a utilização de nano-aditivos de Al O no biodiesel reduz as emissões de HC em 42,1% em comparação com outros combustíveis testados.

Tabela 6.12: Carga vs. emissões de NOx

Load (%)	NOx (ppm)			
	Diesel	MB50	MB50+100Al₂O₃	MB50+100ZnO
0	108	142	163	169
25	553	641	662	619
50	1334	1438	1394	1392
75	1915	2127	2229	2168
100	2049	2276	2390	2298

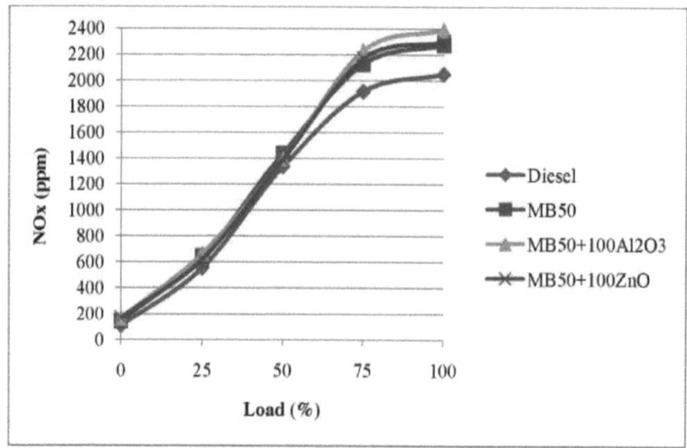

Fig. 6.12: Variação das emissões de NOx com a carga do motor

A Fig. 6.12 mostra a variação das emissões de NOx com a carga do motor para misturas de biodiesel com e sem a nano-adição de MB50. Pode observar-se que as emissões de NOx aumentam com o aumento da carga para todas as misturas de combustível testadas. Isto deve-se a um aumento da temperatura de combustão, enquanto a quantidade de combustível queimado aumenta com o aumento da carga. A formação de NOx é completamente dependente da temperatura de combustão. Em geral, a emissão de NOx varia linearmente com o aumento da carga. medida que a carga aumenta, a relação combustível-ar global aumenta e, com ela, a temperatura na câmara de combustão. 2As emissões de NOx para as misturas de combustível nano-aditivo MB50+100Al O3 são superiores às do gasóleo, MB50 e MB50+100 ZnO.

Isto deve-se à combustão completa do combustível com nano-aditivos e ao aumento da temperatura da câmara de combustão, o que, por sua vez, conduz a um aumento das emissões de NOx. A plena carga, as emissões de NOx para o gasóleo, MB50, MB50+100ZnO e MB50+100Al2O3 são de 2049, 2276, 2298 e 2390 ppm, respetivamente. O gráfico acima mostra que a utilização de nano-aditivos de Al2O3 no biodiesel aumenta as emissões de NOx em 5% em comparação com os outros combustíveis testados.

Quadro 6.13: Carga comparada com a opacidade dos fumos

Load (%)	Smoke Opacity (%)			
	Diesel	MB50	MB50+100Al$_2$O$_3$	MB50+100ZnO
0	5.2	3.3	4.8	2.6
25	18.3	16	14.1	15.3
50	28.8	26.1	22.6	24
75	51.5	42.5	37.3	39.1
100	66.6	58.9	54.6	55.1

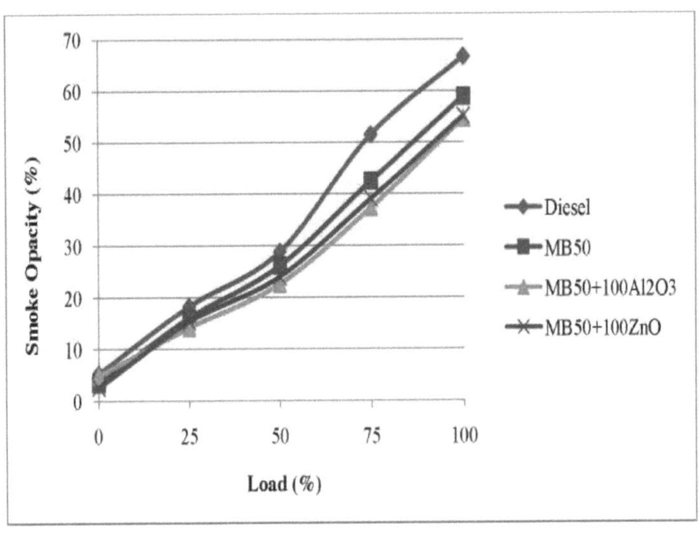

Fig. 6.13: Variação da opacidade dos fumos com a carga do motor

A Fig. 6.13 mostra a alteração da opacidade do fumo com a carga do motor para misturas de biodiesel com e sem nanoaditivos a partir de MB50.

O diagrama mostra que o MB50+100Al2O3 provoca menos emissões de fumo do que o gasóleo, o MB50 e o MB50+100 ZnO. Este facto deve-se a uma melhor combustão do combustível. A baixa viscosidade dos combustíveis misturados e o O2 presente nas moléculas reduzem as emissões de fumo.

As emissões de fumo formaram-se devido à maior viscosidade e menor volatilidade, o que pode levar a uma má formação da mistura quando o biocombustível é utilizado num motor diesel DI. 2As emissões de fumo da mistura de combustível nano-aditivo MB50+100Al O3 produzem menos fumo do que as outras misturas. Isto deve-se a um atraso mais curto na ignição, a uma relação superfície/volume mais elevada que resulta numa formação perfeita da mistura, a uma taxa de evaporação rápida e a propriedades de ignição melhoradas dos nanoaditivos. 2A plena carga, a opacidade do fumo determinada para o gasóleo, MB50, MB50+100ZnO e MB50+100Al O3 é de 66,6, 58,9, 55,1 e 54,6 %, respetivamente. 23O diagrama acima mostra que a utilização de nanoaditivos de Al O no biodiesel reduziu a opacidade do fumo em 7,3 % em comparação com outros combustíveis testados.

Quadro 6.14: Carga comparada com emissões de CO2

Load (%)	CO$_2$ (%)			
	Diesel	MB50	MB50+100Al$_2$O$_3$	MB50+100ZnO
0	1.83	1.67	1.65	1.49
25	3.52	3.42	3.27	3.26
50	5.32	5.19	4.84	4.82
75	6.99	7.03	6.53	6.67
100	9.02	9.21	8.2	8.06

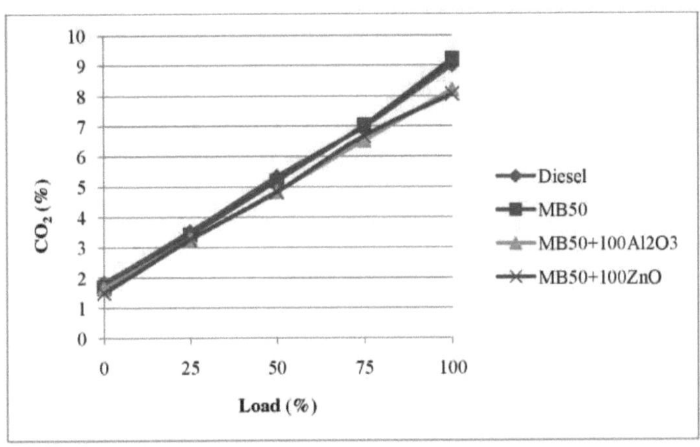

Fig. 6.14: Variação das emissões de CO2 com a carga do motor

2A Fig. 6.14 mostra as emissões de CO em função da carga. 222As emissões de CO aumentam com o aumento da carga, com um ligeiro aumento das emissões de CO em misturas mais elevadas, o que se deve ao maior teor de O dos ésteres metílicos de mahua. 232A figura acima mostra que, exceto a plena carga, o MB50+100Al O tem emissões de CO mais baixas do que o gasóleo, o MB50 e o MB50+100 ZnO. Nestas duas misturas, as nanopartículas de alumínio misturaram-se bem com as misturas de combustível e o ar, o que promove uma melhor combustão. 223Em condições de plena carga, as emissões de CO para o gasóleo, MB50, MB50+100ZnO e MB50+100Al O são de 9,02, 9,21, 8,06 e 8,2 %, respetivamente. 232A figura acima mostra que a utilização de nanoaditivos de Al O no biodiesel reduziu as emissões de CO em 10,96% em comparação com MB50+100ZnO.

6.5 PROPRIEDADES DE COMBUSTÃO

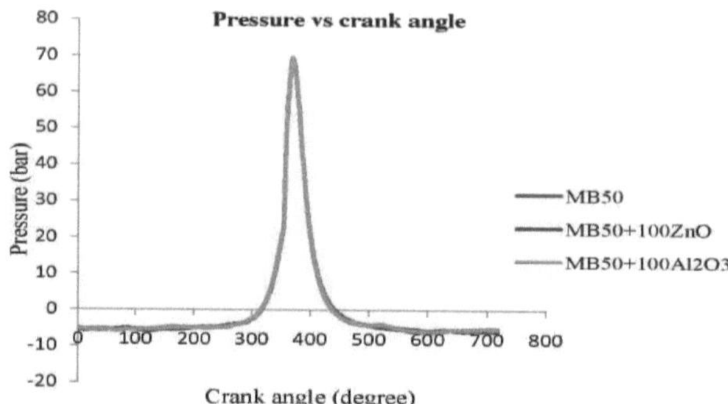

Fig. 6.15: Variação da pressão e do ângulo da manivela

A figura 6.15 acima mostra o ângulo de manivela comparado com a pressão do cilindro. A figura mostra que o MB50+100Al2O3 tem uma pressão do cilindro mais elevada do que o MB50 e o MB50+100ZnO. Isto deve-se ao facto de os nano-aditivos de óxido de alumínio conduzirem a uma maior pressão no cilindro. Isto deve-se principalmente ao facto de o tempo de atraso da ignição ser mais curto, o que aumenta a taxa de combustão. Um aumento da dosagem de nanopartículas leva a um aumento da pressão do cilindro.

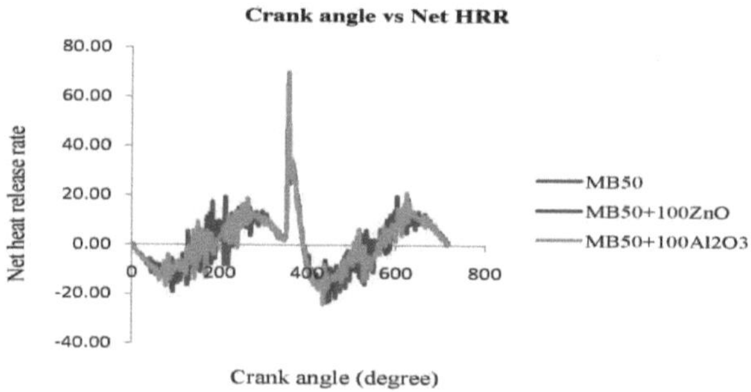

Fig. 6.16: Variação da taxa líquida de libertação de calor com o ângulo da manivela

A figura acima mostra a variação da taxa de libertação de calor em função do ângulo de manivela com e sem os nano-aditivos MB50, MB50+100 ZnO e MB50+100 Al2O3. A mistura MB50+100Al2O3 apresenta a taxa de libertação de calor mais elevada em comparação com as outras misturas de combustível de ensaio. Isto deve-se a

CONCLUSÕES

O desempenho e as características de emissão do motor diesel DI com mistura diesel-biodiesel com a adição de nanopartículas de Al2O3 e ZnO foram investigados. Os resultados experimentais permitiram tirar as seguintes conclusões.

- A eficiência térmica dos travões através da adição de nanopartículas ao biodiesel de Mahua (MB50) mostra que o MB50+100Al2O3 tem a eficiência térmica mais elevada devido às melhores propriedades de pulverização, ao valor calorífico mais elevado e à dissolução dos ésteres da mistura MB50 na câmara de combustão.
- A adição de nano-aditivos de óxido de alumínio ao MB50+100Al2O3 resulta no menor consumo de combustível específico dos travões em comparação com o MB50 e o MB50+100ZnO. Isto deve-se principalmente à melhoria da relação superfície/volume devido ao efeito catalítico durante a combustão no cilindro do motor.
- As emissões de CO do MB50+100Al2O3 são mais baixas do que as das outras misturas de combustível testadas. Isto deve-se à presença de oxigénio nas nanopartículas, o que leva a uma melhor combustão.
- O MB50+100Al2O3 apresenta as emissões de HC mais baixas em comparação com outros combustíveis testados. Isto deve-se à mistura perfeita do combustível com uma relação superfície/volume mais elevada. Além disso, o menor tempo de retardamento da ignição leva a menores emissões de HC.

- As emissões de NOx para um MB50+100Al2O3 mostram que estas são mais elevadas do que para outros combustíveis, o que se deve à combustão completa do combustível com nano-aditivos e ao aumento da temperatura da câmara de combustão, o que leva a um aumento das emissões de NOx.
- O MB50+100Al2O3 produz menos fumo do que o gasóleo, MB50+100Zno. Isto deve-se a uma melhor combustão do combustível, e a baixa viscosidade das misturas de combustível e o o2 contido nas moléculas também reduzem as emissões de fumo.
- As emissões de CO2 aumentam com o aumento da carga, com um ligeiro aumento das emissões de CO2 devido ao maior teor de O2 no éster metílico de Mahua. O gráfico acima mostra que o MB50+100Al2O3 produz menos emissões de CO2 do que as outras misturas de combustível, exceto a plena carga.
- O MB50+100Al2O3 resulta numa pressão mais elevada no cilindro do que o MB50+100ZnO. Isto deve-se ao facto de estas nanopartículas de óxido de alumínio conduzirem a uma pressão mais elevada no cilindro. Isto também se deve ao menor atraso na ignição e ao aumento da taxa de combustão.
- MB50+100Al2O3 conduz a uma taxa de libertação de calor mais elevada em comparação com as outras misturas de combustível testadas. Isto deve-se ao facto de a adição de nanopartículas de óxido de alumínio resultar numa combustão completa. Outra razão é a maior taxa de libertação de calor devido ao maior poder calorífico do biodiesel misturado com nanopartículas.

REFERÊNCIAS

[1] Vijayakumar Chandrasekaran, Murugesan Arthanarisamy, Panneerselvam Nachiappan, "The Role of Nano additives for biodiesel and diesel blended transportation fuel", Elsevier transportation part D 46(2016) pg- 145-156.

[2] Ramesh D.K, Dhananjayakumar J.L, Hemanth S.G, Namth V, Estudo sobre os efeitos das nanopartículas de alumina como aditivos com biodiesl de cama de aves de capoeira no desempenho, combustão e características de emissão do motor diesel. Elsevier PMME 2016 EMT-338.

[3] 232Mohamed Kamal Ahmed Ali, Hou xianjun, liqiang mali, cai Qingping, Richard fiffi turkson,' melhorando as características tribológicas do conjunto de anéis de pistão de motores automotivos usando nanomateriais de Al O e TiO como aditivos nano lubrificantes, Elsevier Tribology international 103,(2016) pg: 540-554.

[4] 23Harish Venu, Venkataramanan Madhavan,' Effect of Al O nanoparticles in biodiesel-diesel-ethanol various injection strategies, performance ,combustion and emission characteristics', Elsevier, fuel 186(2016) 176-189.

[5] Prabhu L, S. Satish Kumar, A. Anderson e K. Rajan, "Investigation on the performance and emission analysis of TiO2 nanoparticles as an additive for biodiesel blends", Journal of Chemical and Pharmaceutical science, issue 7, pp. 408-412,2015.

[6] T.Shaafi,R.Velraj,'Influência de nanopartículas de alumina, etanol e mistura de isopropanol como aditivos com combustível de mistura de biodiesel de soja-diesel, desempenho do motor de combustão e emissão', Elsevier renewable Energy 80 (2015) 655-663.

[7] Biswajit De, R.S panua,'performance and emission characteristics of diesel and vegitable oil blends in a direct-injection VCR engine', Spinger DOI 10.1007/s40430-015-0349-x 24 march 2015.

[8] S.V.Channaattana, C.Kantharaj,V.S Shinde, Abhay pawar A, Avaliação das emissões e do desempenho do motor DI CI-VCR alimentado com éster metílico de óleo de Honne com misturas de gasóleo, Elsevier, Energy Procardia ,74, pg:218-288 (2015)
[9] T.Ashok Kumar, R.Chandramouli, T.Mohanraj , Astudy on performance and emission characteristics of esterified pinnai oil tested in VCR engine , Elsevier Ecotoxicology and Environmental safety 5 june 2015.

[10] C. Syed Aalam, C.G. Saravanan, B.Prem Anand,' Imapect of high fuel injection pressure on the characteristics of CRDI diesel engine powered by nahua methyl ester

blend', Elsevier, Applied thermal engineering 106(2015) 702-711.

[11]   M. Santhanamuthu, S. Chittibabu, T. Tamizharasan e T. P. Mania, "Evaluation of CI engine performance fueled by diesel-plunge oil blends doped with iron oxide nanoparticles", International Journal of Chem. Tech Research, vol. 6, pp. 1299-1308, junho de 2014.

[12]   Sullivan, R. B. Anand, M. Udayakumar, "Effect of cerium oxide nanoparticles and carbon nanotubes as fuel borne additive indie sterol blends on the performance, combustion and emission characteristics of a variable compression ratio engine", Fuel, Vol. 130, pp. 160-167, April 2014.

[13]   S. Karthikeyan, A. Elango, A. Prathima, "Estudo de desempenho e emissões sobre a adição de partículas de óxido de zinco com biodiesel de cera de estearina de promoção do motor", Journal of, Science and Industrial Research, Volume 73, 2014, pp. 187-190.

[14]   Raheman H, "Combustion and performance of a diesel engine with preheated Jatropha curcas oil using waste heat from exhaust gas", 2014, Fuel 115:527-533.

[15]   Swarup Kumar Nayak Investigação experimental sobre o desempenho e as características de emissão de um motor diesel alimentado com biodiesel de Mahua usando aditivo. Elsevier, ICAER energy Procardia 2014 página 569-579.

[16]   Hariram.V e vagesh shangar.R efeito de misturas de biodiesel de madhuca indica no desempenho e nos parâmetros de emissão num motor de ignição por compressão de injeção direta de um cilindro, IJESRT Fator de impacto: 3,449, ISSN:227-9655.
[17]   Sanram D. Jadhav, Madhukar S. Tandale, Estudo da produção, desempenho e emissões do éster metílico de mahua num motor a gasolina multicilindro a 4 tempos, IJERT vol. 3, Issue-1, janeiro-2014, ISSN: 2278-0181.

[18]   Deepesh Sonar .S, Soni. L and Dilip Sharma ,' Performance and Emission Characteristics of a diesel of a diesel engine with varying injection pressure and fuelled with raw mahua oil (preheated and blends) and mahua oil methyl ester, Springer DoI 10.1007/s 10098-014-0874-9.

[19]   V.Arul mozhi selvan, R.B.Anand,M.Udayakumar ,' Effects of cerium oxide nanoparticles and carbon nanotubes as fuel-borne additives in Diesterol blends on the performance, combustion and emission characteristics ofavariable compression ratio engine', Elsevier ,Fuel 130(2014) 160-167.

[20]   M. A. Lenin, M. R. Swaminathan e G. Kumaresan, "Performance and emission characteristics of a DI diesel engine with a Nano fuel additive", Fuel, Vol. 109, pp. 362-365, março de 2013.

[21]   Puhan S, "Experimental investigation on a DI diesel engine fuelled with Madhuca indica ester and diesel blend", Biomass-Bioenergy, 2013, 38:838843.

[22]   Biplab K, Debnath, Niranjan sahoo, Ujjwal K. Sahaha,'ajustando as características de funcionamento para melhorar o desempenho do éster metílico de óleo de palma emulsionado em motores a gasóleo', Elsevier ,conversão e gestão de energia 69,(2013) pg:191-198

[23]   Ramesh D.K, Dhananjayakumar J.L, Hemanth S.G, Namth V, Estudo sobre os efeitos das nanopartículas de alumina como aditivos com biodiesl de cama de aves de capoeira no desempenho, combustão e características de emissão do motor diesel. Elsevier PMME 2016 EMT-338.

[24]   Sajith, C. B. Shobhan, e G. P. Peterson, "Experimental investigations on the effect of cerium oxide nanoparticles fuel additives on biodiesel", Advances in Mechanical Engineering, Vol. 36, pp. 1-16, 2010.
[25]   Sharanappa G, Suryanarayan Murthy CH, Reddy RP, "Desempenho do motor e ensaios de emissões utilizando misturas de óleo de éster metílico (Madhuca indica) e gasóleo", Renewable Energy, 2009,34,2172-7.

[26]   Godiganur S, Suryanarayan Murthy CH, Reddy RP, ensaios de desempenho e emissões do motor Cummins 6BTA 5.9 G2-1 utilizando misturas de ésteres metílicos de óleo de Mahua (Madhuca indica) e gasóleo. Renew Energy, 2009, 34: 2172-2.

Índice

Printed by Books on Demand GmbH, Norderstedt / Germany